BEI GRIN MACHT SICH IHR WISSEN BEZAHLT

AF152518

- Wir veröffentlichen Ihre Hausarbeit, Bachelor- und Masterarbeit

- Ihr eigenes eBook und Buch - weltweit in allen wichtigen Shops

- Verdienen Sie an jedem Verkauf

Jetzt bei www.GRIN.com hochladen und kostenlos publizieren

Marcel Dahlmann

Die Kompaktheit im topologischen Raum

GRIN Verlag

Bibliografische Information der Deutschen Nationalbibliothek:

Die Deutsche Bibliothek verzeichnet diese Publikation in der Deutschen National-
bibliografie; detaillierte bibliografische Daten sind im Internet über http://dnb.d-
nb.de/ abrufbar.

Dieses Werk sowie alle darin enthaltenen einzelnen Beiträge und Abbildungen
sind urheberrechtlich geschützt. Jede Verwertung, die nicht ausdrücklich vom
Urheberrechtsschutz zugelassen ist, bedarf der vorherigen Zustimmung des Verla-
ges. Das gilt insbesondere für Vervielfältigungen, Bearbeitungen, Übersetzungen,
Mikroverfilmungen, Auswertungen durch Datenbanken und für die Einspeicherung
und Verarbeitung in elektronische Systeme. Alle Rechte, auch die des auszugsweisen
Nachdrucks, der fotomechanischen Wiedergabe (einschließlich Mikrokopie) sowie
der Auswertung durch Datenbanken oder ähnliche Einrichtungen, vorbehalten.

Impressum:

Copyright © 2014 GRIN Verlag GmbH
Druck und Bindung: Books on Demand GmbH, Norderstedt Germany
ISBN: 978-3-656-76740-4

Dieses Buch bei GRIN:

http://www.grin.com/de/e-book/281965/die-kompaktheit-im-topologischen-raum

GRIN - Your knowledge has value

Der GRIN Verlag publiziert seit 1998 wissenschaftliche Arbeiten von Studenten, Hochschullehrern und anderen Akademikern als eBook und gedrucktes Buch. Die Verlagswebsite www.grin.com ist die ideale Plattform zur Veröffentlichung von Hausarbeiten, Abschlussarbeiten, wissenschaftlichen Aufsätzen, Dissertationen und Fachbüchern.

Besuchen Sie uns im Internet:

http://www.grin.com/

http://www.facebook.com/grincom

http://www.twitter.com/grin_com

Vorwort

Die vorliegende Arbeit mit dem Titel „kompakte topologische Räume" stellt eine Abhandlung über den Begriff der Kompaktheit in einem Topologischen Raum dar. Als Hauptreferenz soll uns [Rin75] dienen. Was wir unter einem topologischen Raum verstehen wollen, sowie die für diese Arbeit relevanten Begriffe werden in Kapitel 1 „Einführung und Notation" anschaulich an Beispielen dargestellt. Als Grundlage dieser Arbeit dient uns das

Definition (Lemma von Zorn). Wenn jede Kette $K \subseteq X$ eine obere Schranke in X hat, dann gibt es in X ein maximales Element.

Wegen der bekannten Äquivalenz zum Auswahlaxiom, versetzen wir uns damit auch in die komfortable Lage aus Mengen gewisse Elemente auswählen zu können. Ferner setzen wir Kenntnisse im Umgang mit Mengen und allgemein mit metrischen Räumen voraus und nutzen diese an vereinzelten Stellen aus. In Kapitel 2 „Kompaktheit" führen wir dann den relevanten Begriff der Kompaktheit ein und studieren seinen Einfluss auf die in Abschnitt 1.3 eingeführten Trennungseigenschaften. Seine Tragweite wird in Satz 2.12 formuliert werden.

Nach diesem Abschnitt werden wir Kompaktheit mit einer gewissen Endlichkeitseigenschaft kennen gelernt haben. Das motiviert zu der Vermutung, dass wir in der Unendlichkeit und damit bei Produkten wie sie in Abschnitt 1.2 „Erzeugung topologischer Räume" eingeführt werden, nicht erwarten kompakte Strukturen vorzufinden. Doch das Gegenteil ist der Fall, das fomulieren wir in Satz 2.21, dem Satz von Tychnoff. Den Beweis führen wir dabei in Anlehnung an [Loo53], in dem wir das Lemma von Zorn 2.20 ausnutzen und dieses auf Ketten von Mengen mit endlicher Durchschnittseigenschaft anwenden werden. Vorab führen wir alle dafür relevanten Begriffen ein.

Die Arbeit schließt letztlich mit einem „Ausblick: Metrisierbarkeit" von topologischen Räumen. Das Wort Ausblick wurde gewählt, da wir uns hier weniger mit der Metrisierbarkeit als solche befassen - dafür fehlen Sätze wie der Metrisierbarkeitssatz von Urysohn -, vielmehr diskutieren wir die Rolle der Kompaktheit in metrischen Räumen und beleuchten einige Konsequenzen die sie mitbringt. So können wir indirekt folgern, dass auf einen kompakten Raum der bestimmte Eigenschaften nicht mitbringt, sinnvoll keine Metrik definiert werden kann, welche die gegebene Topologie induziert.

Insgesamt lässt sich sagen, dass diese Arbeit keinen Anspruch auf Vollständigkeit erhebt, was sich durch einen Blick in das Kapitel VI von [Rin75] leicht einsehen lässt. Dennoch sind hier wesentliche und interessante Ergebnisse zusammengefasst, womit ein solider Überlick über die Thematik gewährleistet werden kann.

Inhaltsverzeichnis

1 Einführung und Notation

Dieses Kapitel soll dem Leser zum einen in die Grundlagen für die folgenden Betrachtungen einführen und zum anderen mit der verwendeten Notation vertraut machen. Dabei wird im Abschnitt 1.1 „Topologische Räume" sowie 1.2 „Erzeugung topologischer Räume" der Rahmen für diese Untersuchungen gelegt. In Abschnitt 1.3 „Eigenschaften topologischer Räume" liegt der Fokus der Diskussion auf Trennungseigenschaften. Ebenso wird hier auch der Begriff der Stetigkeit definiert, soweit dieser im weiteren Verlauf - wie beim Beweis des Satzes von Tychonoff - benötigt wird.

Um Missverständnissen vorzubeugen, sei bezüglich der Notation erwähnt, dass einem topologischen Raum eine nicht leere Menge zurunde gelegt ist. Diese zu den topologischen Räumen gehörenden Mengen werden mit großen lateinischen Buchstaben vom Ende des Alphabets wie „X, Y" benannt, Teilmengen von ihnen hingegen mit Buchstaben wie „A, O, U". Dabei sei angemerkt, dass es sich bei „A" oftmals um eine abgeschlossene Teilmenge handelt. Für offene Mengen hingegen wird vornehmlich „O" und für Umgebungen „U" verwendet. Sollen diese Mengen ein bestimmtes Element $x \in X$ enthalten, so wird dies z. B. mit „O_x" kenntlich gemacht. Analog verwenden wir bei Teilmengen $A \subseteq X$ mit der Eigenschaft $A \subseteq O$ die Bezeichnung „O_A". Für eine Topologie schreiben wir kleine griechische Buchstaben wie „τ" und entsprechend „τ_X", wenn angedeutet werden soll, dass die Topologie „τ" zur Menge X gehört.

1.1 Topologische Räume

Wie vorab erwähnt, liegt einem topologischen Raum eine nicht leere Menge X zugrunde. Wenn man eine Definition eines topologischen Raum in einem Buch wie [Bar07] sucht, findet man oft ein Äquivalent zur folgenden

Definition 1.1 (topologischer Raum). Es sei $X \neq \varnothing$ eine Menge. Eine Familie $\tau \subseteq \mathfrak{P}(X) := \{A : A \subseteq X\}$ heißt **Topologie**, wenn sie folgende Eigenschaften hat:

1. es gilt $\varnothing, X \in \tau$,

2. für je zwei Mengen $O_1, O_2 \in \tau$ gilt $O_1 \cap O_2 \in \tau$ und

3. für jede beliebige Familie $(O_i)_{i \in I}$ aus τ gilt, dass $\bigcup_{i \in I} O_i \in \tau$.

Erfüllt τ diese Bedingungen bezeichnen wir das geordnete Paar (X, τ) als **topologischen Raum**. Elemente aus τ bezeichnen wir als **offene** Mengen. Das Komplement einer offenen Menge bezeichnen wir als **abgeschlossene** Menge.

Betrachten wir diese Definition, so ist mit der zweiten Forderung lediglich gesichert, dass der Durchschnitt zweier offener Mengen jeweils wieder in der Topologie enthalten ist. Diesen Umstand wollen wir mit dem folgenden Lemma auf den endlichen Schnitt verallgemeinern.

Lemma 1.2. *Es sei (X, τ) ein topologischer Raum und $O_1, \ldots, O_n \in \tau$. Dann ist auch $\bigcap_{i=1}^{n} O_i \in \tau$.*

Beweis: Seien $O_1, \ldots, O_n \in \tau$. Wir zeigen die Behauptung induktiv über n. Für den Fall $n = 1$ ist die Behauptung trivial. Es sei nun $\bigcap_{i=1}^{n-1} O_i \in \tau$, wir müssen zeigen, dass auch $\bigcap_{i=1}^{n} O_i \in \tau$ enthalten ist. Betrachten wir

$$\bigcap_{i=1}^{n} O_i = \underbrace{\bigcap_{i=1}^{n-1} O_i}_{=:B} \cap O_n,$$

so ist $B \in \tau$ nach der Induktionsvoraussetzung. Damit schneiden wir lediglich zwei Mengen aus τ. Die Behauptung folgt damit aus der zweiten Forderung der Definition 1.1. $\qquad\square$

Um den Begriff des topologischen Raumes anschaulicher zu gestalten, geben wir nun zwei Beispiele, auf die wir auf Grund ihrer Eigenschaften im Verlauf dieser Arbeit zurück kommen werden.

Beispiel 1.3. Es sei $X \neq \varnothing$ eine Menge, dann wird mit $\tau_{\text{kof}} := \{\varnothing\} \cup \{O \in \mathfrak{P}(X) : O^c := X \setminus O \text{ ist endlich}\}$ eine Topologie definiert, die so genannte **kofinite Topologie**.

Beweis: Die leere Menge ist per Definition in τ_{kof} enthalten. Ferner gilt $X \setminus X = \varnothing$ und die leere Menge ist insbesondere eine endliche Menge, also $X \in \tau_{\text{kof}}$.

Es seien nun $O_1, O_2 \in \tau_{\text{kof}}$. Dann ist $(O_1 \cap O_2)^c = O_1^c \cup O_2^c$ endlich, da sie Vereinigung endlich vieler endlicher Mengen ist. Also $O_1 \cap O_2 \in \tau_{\text{kof}}$.

Es sei nun (O_i) mit $i \in I$ eine Familie von Mengen aus τ_{kof}. Dann ist $\left(\bigcup_{i \in I} O_i\right)^c = \bigcap_{i \in I} O_i^c$ endlich, weil der beliebige Schnitt endlicher Mengen wieder endlich ist. Also ist $\bigcup_{i \in I} \in \tau_{\text{kof}}$. Insgesamt zeigt sich τ_{kof} als Topologie. $\qquad\square$

Bemerkung 1.4. Ist X endlich, so erhalten wir für τ_{kof} aus Beispiel 1.3 die Potenzmenge $\mathfrak{P}(X)$. Dass mit der Potenzmenge auch für (über)abzählbare Mengen eine Topologie gegeben ist, lässt sich leicht einsehen. Wir bezeichnen daher $\tau_{\text{disk}} := \mathfrak{P}(X)$ als **diskrete Topologie**.

Beispiel 1.5. Es sei (X, τ) ein topologischer Raum und $A \subseteq X$ eine beliebige Teilmenge. Dann ist mit dem Paar (A, τ_A), wobei $\tau_A := \{A \cap O : O \in \tau\}$, ein topologischer Raum gegeben. Diese Topologie heißt im folgenden die **Spurtopologie** von τ in A. Dass es sich tatsächlich um eine Topologie handelt lässt sich ebenfalls leicht einsehen.

Da wir nun über den Begriff der offenen Menge verfügen und einige Beispiele topologischer Räume kennengelernt haben, wollen wir nun den Begriff der Umgebung und den des Abschlusses einer Menge in einem topologischen Raum einführen, siehe z.B. [Rin75, S. 47 bzw. S. 63].

Definition 1.6 (Umgebung). Es sei (X, τ) ein topologischer Raum und $A \subseteq X$ eine beliebige Menge. Wir bezeichnen eine Menge $U_A \subseteq X$ genau dann als eine **Umgebung** von A, wenn ein $O \in \tau$ existiert, sodass $A \subseteq O \subseteq U_A$.

Definition 1.7 (Abschluss). Es sei (X, τ) ein topologischer Raum und $A \subseteq X$ eine beliebige Menge. Ein Punkt $x \in X$ heißt genau dann **Berührpunkt** von A, wenn jede Umgebung U von x mindestens einen Punkt aus A enthält. Die Menge $\overline{A}$ der Berührpunkte von A bezeichnen wir als **Abschluss** von A.

Bemerkung 1.8. Betrachten wir die Definition 1.7, so ist jeder Punkt $x \in X$ der ein Berührpunkt von $\overline{A}$ ist, auch einer von A. Insbesondere gilt $\overline{\overline{A}} = \overline{A}$: Sei U_x beliebige Umgebung von x. Sei O_x offen mit $x \in O_x \subseteq U$. Dann ist O_x ebenfalls eine Umgebung von x. Da x ein Berührpunkt von $\overline{A}$ ist, ist $O_x \cap \overline{A} \neq \varnothing$. Sei x_0 aus diesem Schnitt, so ist dieser definitionsgemäß ein Berührpunkt von A und O_x ist eine Umgebung von x_0, also ist $O_x \cap A \neq \varnothing$ und somit ist auch $U_x \cap A$ nicht leer. Da U_x beliebig war folgt die Behauptung.

Wir können uns auch davon überzeugen, dass der Abschluss einer Menge auch eine abgeschlossene Menge ist:

Lemma 1.9. *Die in der Situation von Definition 1.7 definierte Menge $\overline{A}$ ist abgeschlossen.*

Beweis: Es reicht zu zeigen, dass $X \setminus \overline{A}$ offen ist. Sei also $x \in X \setminus \overline{A}$, dann ist x kein Berührpunkt von A. Also existiert eine Umgebung U_x um x mit $\overline{A} \cap U_x = \varnothing$. Nach Definition 1.6 existiert also ein $O_x \in \tau$ mit $x \in O_x \subseteq U_x$. Betrachten wir nun $O := \bigcup_{x \in X \setminus \overline{A}} O_x$ als Vereinigung solcher offenen Mengen, so gilt per Konstruktion $O \cap \overline{A} = \varnothing$ und $X \setminus \overline{A} = O$. Die Menge ist nach der dritten Forderung der Definition 1.1 offen. $\square$

Bemerkung 1.10. Für beliebige Teilmengen $B \subseteq X$ eines Topologischen Raumes (X, τ) gilt:

$$\overline{B} = \bigcap_{\substack{X \setminus A \in \tau \\ B \subseteq A}} A.$$

Nach Lemma 1.9 ist $\overline{B}$ eine abgeschlossene Menge die B umfasst, das liefert „$\supseteq$". Sei $A \subseteq X$ eine beliebige abgeschlossene Menge mit $B \subseteq A$ und $x \in X \setminus A$ ein beliebiger Punkt. So ist dieser, da $X \setminus A$ offen ist, kein Berührpunkt von B. Also $\overline{B} \cap (X \setminus A) = \varnothing$ und somit $\overline{B} \subseteq A$.

1.2 Erzeugung topologischer Räume

In diesem Abschnitt werden wir uns mit der Erzeugung topologischer Räume beschäftigen, was uns zu Begriffen wie Basis und Subbasis führen wird. In Anlehnung an [Jän08, S. 15] wollen wir nun den Begriff der Basis einer Topologie erklären.

Definition 1.11 (Basis einer Topologie). Es sei (X, τ) ein topologischer Raum. Eine Teilmenge $\mathfrak{B} \subseteq \tau$ heißt **Basis** der Topologie τ, wenn für alle $O \in \tau$ eine Teilmenge $\mathfrak{B}' \subseteq \mathfrak{B}$ mit $O = \bigcup_{B \in \mathfrak{B}'} B$ existiert

Definition 1.12 (2. Abzählbarkeitsaxiom). Ein topologischer Raum (X, τ) genügt genau dann dem **2. Abzählbarkeitsaxiom**, wenn er eine abzählbare Basis besitzt.

Mit dem folgenden Satz wollen wir Aufschluss darüber bekommen, welche Mengen $\mathfrak{B}$ als Basen von Topologien auftreten. Man vergleiche dazu etwa [Rin75, S. 27].

Satz 1.13. *(Vgl. [Bar07, S. 85 f.]) Es sei X eine nichtleere Menge und $\mathfrak{B} \subseteq \mathfrak{P}(X)$ ein System von Teilmengen von X. Dann ist $\mathfrak{B}$ genau dann eine Basis einer Topologie τ auf X, wenn folgende Eigenschaften erfüllt sind:*

1. *Zu jedem $x \in X$ existiert ein $B \in \mathfrak{B}$, sodass $x \in B$,*

2. *für je zwei Mengen $B_1, B_2 \in \mathfrak{B}$ und $x \in B_1 \cap B_2$ existiert $B \in \mathfrak{B}$, sodass $x \in B \subseteq B_1 \cap B_2$.*

Beweis: "$\Rightarrow$": Es sei $\mathfrak{B}$ eine Basis der Topologie τ. Ist nun ein $x \in X$ vorgegeben, so existiert wegen $X \in \tau$ nach Definition 1.11 eine Teilmenge $\mathfrak{B}' \subseteq \mathfrak{B}$, sodass $X = \bigcup_{B \in \mathfrak{B}'} B$. Insbesondere ist x dann in einem $B \in \mathfrak{B}'$.

Es seien nun Mengen $B_1, B_2 \in \mathfrak{B}$ vorgegeben. Da $\mathfrak{B} \subseteq \tau$, ist nach Definition 1.1 insbesondere auch $B_1 \cap B_2 \in \tau$. Weil $\mathfrak{B}$ eine Basis ist, existiert eine Teilmenge $\mathfrak{B}' \subseteq \mathfrak{B}$, so dass $B_1 \cap B_2 = \bigcup_{B \in \mathfrak{B}'} B$. Also existiert für alle $x \in B_1 \cap B_2$ ein $B \in \mathfrak{B}'$ mit $x \in B \subseteq B_1 \cap B_2$.

"$\Leftarrow$": Es sei nun $\mathfrak{B} \subseteq \mathfrak{P}(X)$ ein System mit den geforderten Eigenschaften. Wir definieren die Menge

$$\tau_{\mathfrak{B}} := \{O \in \mathfrak{P}(X) : \text{es gibt } \mathfrak{B}' \subseteq \mathfrak{B}, \text{ sodass } O = \bigcup_{B \in \mathfrak{B}'} B\}.$$

Mit 1. ergibt sich $X \in \tau_{\mathfrak{B}}$ und entsprechend erhält man mit $\mathfrak{B}' := \varnothing$ auch $\varnothing \in \tau_{\mathfrak{B}}$.

Für eine beliebige Familie $(O_i)_{i \in I}$ aus $\tau_{\mathfrak{B}}$ ist nun nach Konstruktion jedes O_i darstellbar in der Form $O_i = \bigcup_{B \in \mathfrak{B}'_i} B$. Damit ist natürlich auch

$$\bigcup_{i \in I} O_i = \bigcup_{i \in I} (\bigcup_{B \in \mathfrak{B}'_i} B) = \bigcup_{B \in \bigcup_{i \in I} \mathfrak{B}'_i} B \in \tau_{\mathfrak{B}}.$$

Seien nun die Mengen $O_1, O_2 \in \tau_\mathfrak{B}$ gegeben. Dann existiert wegen der 2. Eigenschaft für alle $x \in O_1 \cap O_2$ eine Menge $B_x \in \mathfrak{B}$, sodass $x \in B_x \subseteq O_1 \cap O_2$. Damit ist aber $O_1 \cap O_2 = \bigcup_{x \in O_1 \cap O_2} B_x \in \tau_\mathfrak{B}$. Also ist $\tau_\mathfrak{B}$ in der Tat eine Topologie. $\quad\square$

Neben dem Ergebnis, dass durch eine Menge $\mathfrak{B}$ mit den Eigenschaften aus Satz 1.13 eine Topologie bestimmt ist, können wir wiederum Basen auch mit Hilfe von Subbasen erzeugen.

Definition 1.14 (Subbasis). Es sei (X, τ) ein topologischer Raum und $\mathfrak{S} \subseteq \mathfrak{P}(X)$ eine Familie von Teilmengen von X. Dann heißt $\mathfrak{S}$ genau dann eine **Subbasis** für τ, wenn die Familie

$$\mathfrak{B} := \{ \bigcap_{i=1}^{n} S_i \ : \ n \in \mathbb{N},\ S_i \in \mathfrak{S} \}$$

aller endlichen Durchschnitte von Elementen aus $\mathfrak{S}$ eine Basis für τ bildet.

Wir betrachten nun einen Satz, der darüber Auskunft gibt, wann eine Familie von Teilmengen Subbasis einer Topologie ist.

Satz 1.15. *(Vgl. [Bar07, S. 87]): Es sei X eine nicht leere Menge und $\mathfrak{S} \subseteq \mathfrak{P}(X)$ eine Familie von Teilmengen von X. Genau dann gibt es eine Topologie $\tau_\mathfrak{S}$ auf X, für die $\mathfrak{S}$ eine Subbasis ist, wenn $\bigcup_{S \in \mathfrak{S}} S = X$ gilt.*

Beweis: "$\Rightarrow$": Diese Richtung ist klar, denn sie folgt unmittelbar aus Definition 1.11 und 1.14.

"$\Leftarrow$": Es genügt die Eigenschaften aus Satz 1.13 für

$$\mathfrak{B} := \{ \bigcap_{i=1}^{n} S_i \ : \ n \in \mathbb{N},\ S_i \in \mathfrak{S} \}$$

nachzuweisen. Es gilt $\mathfrak{S} \subseteq \mathfrak{B}$, da jedes S_i endlich Mal mit sich selbst geschnitten wieder S_i ergibt. Deshalb gilt wegen der Voraussetzung $\bigcup_{S \in \mathfrak{S}} S = X$, dass für jedes $x \in X$ ein $B \in \mathfrak{S} \subseteq \mathfrak{B}$ mit $x \in B$ existiert, womit die erste Eigenschaft folgt.

Es seien nun B_1 und B_2 zwei Mengen aus $\mathfrak{B}$. Da nach Voraussetzung B_1 sowie B_2 aus endlichen Schnitten von Mengen $S_i \in \mathfrak{S}$ bestehen, ist auch $B := B_1 \cap B_2$ ein endlicher Schnitt von Mengen aus $\mathfrak{S}$. Dieses B erfüllt dann offenbar die zweite Eigenschaft für alle $x \in B_1 \cap B_2$. $\quad\square$

Abschließend können die sogenannte Produkttopologie definieren und folgen dabei [Bar07, S. 112].

Definition 1.16 (Produkttopologie). Es sei I eine nicht leere Menge und für jedes $i \in I$ sei (X_i, τ_i) ein topologischer Raum. Dann nennen wir die durch die Subbasis

$$\mathfrak{S} := \{ \prod_{i \in I} O_i \ : \ O_i \in \tau_i \text{ für jedes } i \in I, \text{ und es gibt ein } i_0 \text{ mit } O_i = X_i \text{ für alle } i \neq i_0 \},$$

also die Familie aller derjenigen Produkte offener Mengen aus den jeweiligen Räumen, bei denen höchstens ein Faktor nicht gleich dem jeweiligen Gesamtraum ist, definierte Topologie $\prod_{i \in I} \tau_i$ die **Produkttopologie** auf $\prod_{i \in I} X_i$ bezüglich der Räume (X_i, τ_i).

Bemerkung 1.17. Wir sehen mit Satz 1.15 leicht ein, dass es sich bei $\mathfrak{S}$ aus Definition 1.16 in der Tat um eine Subbasis handelt.

1.3 Eigenschaften topologischer Räume

Wir beenden das Kapitel mit einem Abschnitt, der der Frage nachgeht in wie weit sich Elemente oder Teilmengen von topologischen Räumen durch offene Umgebungen voneinander trennen lassen. Wir betrachten ebenso eine Eigenschaft von Abbildungen zwischen topologischen Räumen: Die Stetigkeit. Sie stellt den letzten wichtigen Begriff dar mit dem wir uns in diesem Kapitel beschäftigen wollen.

Wir wenden unseren Blick nun einer Trennungseigenschaft zu, die man von metrischen Räumen gewohnt ist, man vergleiche hierzu auch [Rin75, S. 118].

Definition 1.18 (Hausdorff-Raum). Es sei (X, τ) ein topologischer Raum. Wir nennen ihn genau dann einen **Hausdorff-Raum** oder T_2-**Raum**, wenn für je zwei verschiedene Punkte $x, y \in X$ zwei Mengen $O_x, O_y \in \tau$ mit $O_x \cap O_y = \varnothing$ existieren, sodass $x \in O_x$ und $y \in O_y$.

Bemerkung 1.19 (metrische Räume). Sei $X \neq \varnothing$ und $d : X \times X \to [0, \infty)$ eine **Metrik**, also eine Abbildung, die für alle $x, y, z \in X$ die folgenden Eigenschaften hat:

1. $d(x, y) \geq 0$ und $d(x, y) = 0$ genau dann, wenn $x = y$,

2. $d(x, y) = d(y, x)$ und

3. $d(x, z) \leq d(x, y) + d(y, z)$.

Das geordnete Paar (X, d) bezeichnen wir als **metrischen Raum**. Ferner sei für $x_0 \in X$ mit $K_\varepsilon(x_0) := \{x \in X : d(x, x_0) < \varepsilon\}$ die ε-**Kugel** um x_0 gegeben. Man überzeugt sich mit Satz 1.13 leicht, dass das System $\mathfrak{B}_d := \{K_\varepsilon(x) : x \in X, \varepsilon \in (0, \infty)\}$ eine Basis einer Topologie ist. Offenbar ist damit eine Menge $O \subseteq X$ genau dann offen bezüglich der von d induzierten Topologie, wenn für alle $x \in O$ ein $\varepsilon > 0$ existiert, sodass $K_\varepsilon(x) \subseteq O$. Man vergleiche dazu [Rin75, S. 28 ff.]. Diese Topologie nenn man von d **induziert**.

Beispiel 1.20. Metrische Räume mit der induzierten Topologie sind Hausdorff-Räume

> **Beweis:** Es seien (X, d) ein metrischer Raum und $x, y \in X$ mit $x \neq y$ vorgegeben. Wir betrachten $\varepsilon := \frac{1}{3}d(x, y)$, so erhalten wir $K_\varepsilon(x) \cap K_\varepsilon(y) = \varnothing$. $\qquad\square$

In der Definition 1.18 haben wir zwei Punkte durch disjunkte offene Mengen voneinander getrennt; wir wollen nun in Anlehnung an [Bar07, S. 131] Räume als regulär bezeichnen, in denen es zusätzlich möglich ist, Punkte und abgeschlossene Mengen auf diese Weise voneinander zu trennen.

Definition 1.21 (reguläre Räume). Es sei (X, τ) ein topologischer Raum. Wir bezeichnen ihn als T_3-**Raum**, wenn für jeden Punkt $x \in X$ und jede abgeschlossene Teilmenge $A \subseteq X \setminus \{x\}$ offene Mengen O_x und O_A, mit $O_x \cap O_A = \varnothing$ existieren, sodass $x \in O_x$ und $A \subseteq O_A$. Ist ein T_3-Raum zusätzlich ein Hausdorff-Raum so nennen wir ihn **regulären Raum**.

Wir betrachten ein klassisches Beispiel für reguläre Räume: Die metrischen Räume; ihre Hausdorff-Eigenschaft haben wir schon in Beispiel 1.20 nachgewiesen.

Beispiel 1.22. Metrische Räume sind T_3-Räume.

Beweis: Es seien (X, d) ein metrischer Raum und $x \in X$ sowie eine abgeschlossene Teilmenge $A \subseteq X \setminus \{x\}$ vorgegeben. Dann ist $X \setminus A$ offen, also existiert ein $\varepsilon > 0$ mit $K_\varepsilon(x) \subseteq X \setminus A$. Damit ist $d(x, y) > \varepsilon$ für alle $y \in A$. Wir setzen $O_x := K_{\frac{\varepsilon}{3}}(x)$ und $O_A := \bigcup_{y \in A} K_{\frac{\varepsilon}{3}}(y)$. Das liefert die gesuchten offenen Mengen. $\square$

Die letzte für uns relevante Trennungseigenschaft ist die der sogenannten normalen Räume. Diese wollen wir in Anlehnung an [Bar07, S. 136] definieren.

Definition 1.23 (normale Räume). Es sei (X, τ) ein topologischer Raum. Wir bezeichnen diesen Raum genau dann als T_4-**Raum**, wenn es für je zwei disjunkte abgeschlossene Teilmengen A_1, A_2 von X zwei offene Mengen $O_{A_1}, O_{A_2} \in \tau$ mit $O_{A_1} \cap O_{A_2} = \varnothing$ gibt, sodass $A_1 \subseteq O_{A_1}$ und $A_2 \subseteq O_{A_2}$ gilt. Wir bezeichnen einen T_4-Raum als **normalen Raum**, wenn er zusätzlich ein Hausdorff-Raum ist.

Bemerkung 1.24. Es ist im Allgemeinen nicht möglich, von einer der Trennungseigenschaften T_2, T_3, T_4 auf eine andere davon zu schließen, wie man z. B. mit [Rin75, S. 129] und [Bar07, S. 136] einsieht.

Abschließend für diesen Abschnitt wollen wir noch wie [Rin75, S. 34] den Begriff der Stetigkeit definieren.

Definition 1.25 (Stetigkeit). Es seien (X, τ_X) und (Y, τ_Y) topologische Räume und eine Abbildung $f : X \to Y$ gegeben. Wir bezeichnen genau dann die Abbildung f als **stetig**, wenn die Urbilder offener Mengen offen sind.

Ein klassischen Beispiel für stetige Abbildungen sind die sogenannten Projektionen, daher wollen wir dieses Kapitel mit ihnen als Beispiel schließen.

Beispiel 1.26. Es sei I eine nicht leere Menge. Für jedes $i \in I$ sei ein topologischer Raum (X_i, τ_i) gegeben. Es sei $X := \prod_{i \in I} X_i$, und sei $\tau := \prod_{i \in I} \tau_i$ die in Definition 1.16 erklärte Produkttopologie auf X. Dann ist für jedes $j \in I$ die **Projektion**

$$p_j : X \to X_j, \; p_j((x_i)_{i \in I}) := x_j,$$

eine stetige Abbildung.

Beweis: Wir fixieren $j \in I$. Ist $O \in \tau_j$ eine offene Menge, so ist ihr Urbild gegeben durch

$$p_j^{-1}(O) = \{x \in \prod_{i \in I} X_i \; : \; x_j \in O\} = \prod_{i \in I} O_i,$$

wobei $O_i = X_i$ für $i \neq j$ und $O_j = O$. Diese Menge ist ein Element der Subbasis $\mathfrak{S}$ aus Definition 1.16 und somit offen. $\qquad\square$

2 Kompaktheit

In diesem Kapitel setzen wir uns mit dem zentralen Thema dieser Arbeit auseinander: Dem Begriff der Kompaktheit. Unter Kenntnis der Grundlagen die in Kapitel 1 „Einführung und Notation" gelegt wurden, wollen wir in Abschnitt 2.1 „Definition und Eigenschaften" den Begriff der Kompaktheit definieren und seine mitgebrachten Eigenschaften studieren. Dafür werden wir zwei verschiedene Zugänge geben. Einmal den der endlichen Überdeckungseigenschaft sowie den der endlichen Durchschnittseigenschaft. Zentrale Aussage wird hier sein, dass Kompaktheit für Haussdorff-Räume der Schlüssel zur Normalität ist, im Sinne der erklärten Trennungseigenschaften. Dem schließt sich der Abschnitt 2.2 „Der Satz von Tychonoff" an. Hier studieren wir, ob der Produktraum zu gegebenen kompakten topologischen Räumen ebenfalls kompakt ist. Zuletzt wollen wir uns in Abschnitt 2.3 mit einem Ausblick auf die Metrisierbarkeit befassen. Fokus liegt dabei natürlich getreu dem Thema dieser Arbeit auf Aussagen in Bezug auf Kompaktheit, daher werden wir an dieser Stelle nicht direkt auf Metrisierbarkeitssätze eingehen. Zum Abschluss werden wir die Alexandroff'schen Doppelringe kennenlernen, sie als kompakten topologischen Raum nachweisen und feststellen, dass sie nicht metrisierbar sind.

2.1 Definition und Eigenschaften

In diesem Abschnitt wollen wir uns mit dem Begriff der Kompaktheit vertraut machen. In einem zweiten Teil beweisen wir, dass kompakte Hausdorff-Räume auch normale Räume sind. Bis dahin definieren wir Kompaktheit mit Hilfe der endlichen Überdeckungseigenschaft. Zur Vorbereitung des folgenden Abschnitts geben wir die endliche Durchschnittseigenschaft an und diskutieren den Zusammenhang dieser beiden Zugänge zur Kompaktheit.

Definition 2.1 (Überdeckung). Es sei (X, τ) ein topologischer Raum und $A \subseteq X$ eine Teilmenge.

1. Eine Familie $\mathfrak{U} \subseteq \mathfrak{P}(X)$ heißt **Überdeckung** von X, wenn $X = \bigcup_{U \in \mathfrak{U}} U$. Eine Familie $\mathfrak{U}_A \subseteq \mathfrak{P}(X)$ heißt Überdeckung von A, wenn $A \subseteq \bigcup_{U \in \mathfrak{U}_A} U$.

2. Ist $\mathfrak{U}$ eine Überdeckung einer Menge $A \subseteq X$ und ist $\mathfrak{U}' \subseteq \mathfrak{U}$ ebenfalls Überdeckung von A, so heißt $\mathfrak{U}'$ eine **Teilüberdeckung** von A zu $\mathfrak{U}$.

3. Ist $\mathfrak{U}$ eine Überdeckung und gilt $\mathfrak{U} \subseteq \tau$, so heißt $\mathfrak{U}$ eine **offene Überdeckung**.

Definition 2.2 (Kompaktheit). Es sei (X, τ) ein topologischer Raum. X heißt **kompakt**, wenn jede offene Überdeckung von X eine endliche Teilüberdeckung enthält. Eine Teilmenge von $A \subseteq X$ heißt kompakt, wenn jede offene Überdeckung von A eine endliche Teilüberdeckung enthält.

Bemerkung 2.3. Mittlerweile ist in der Literatur die Verwendung des Begriffs Kompaktheit einheitlich geworden und die hier verwendete Definition hat sich durchgesetzt. Jedoch kann es sein, dass in älterer Literatur zusätzlich noch die Hausdorffeigenschaft gefordert wird. Ist sie nicht erfüllt, wohl aber die Überdeckungseigenschaft im Sinne unserer Definition so bezeichnet man den vorliegenden Raum dort als quasikompakt.

Ist nun (X, τ) ein topologischer Raum und ist $A \subseteq X$ eine Teilmenge, so haben wir mit diesen Definitionen zwei Möglichkeiten über die Kompaktheit von A zu sprechen. Zum einen könnte A als kompakte Teilmenge von X und zum anderen mit Beispiel 1.5 entsprechend (A, τ_A) als kompakter topologischen Raum betrachtet werden. Dass hier keine Verwechslungsgefahr besteht, wird garantiert durch:

Lemma 2.4. *Es sei (X, τ) ein topologischer Raum und $A \subseteq X$ eine Teilmenge. A ist genau dann in X kompakt, wenn (A, τ_A) kompakt ist.*

Beweis: „$\Rightarrow$": Es sei $A \subseteq X$ eine kompakte Teilmenge und $\mathfrak{U} \subseteq \tau_A$ eine offene Überdeckung von A in (A, τ_A). Für jedes $U \in \mathfrak{U}$ existiert ein $O \in \tau$ mit $O \cap A = U$ (siehe Definition der Spurtopologie im Beispiel 1.5). Fassen wir diese O zu einer Menge $\mathfrak{U}'$ zusammen, so bildet diese Menge eine offene Überdeckung von A in (X, τ). Da A in (X, τ) kompakt ist, existieren $O_1, \ldots, O_n \in \mathfrak{U}'$, sodass $A \subseteq \bigcup_{i=1}^{n} O_i$. Nach Konstruktion gilt $O_i \cap A =: U_i \in \mathfrak{U}$ und $A = \bigcup_{i=1}^{n} U_i$.

„$\Leftarrow$": Es sei $\mathfrak{U}$ eine offene Überdeckung von A in X, dann ist $\mathfrak{U}' := \{A \cap U : U \in \mathfrak{U}\}$ eine offene Überdeckung von A in (A, τ_A). Nach Voraussetzung existieren endlich viele $U_i' \in \mathfrak{U}'$, mit $A = \bigcup_{i=1}^{n} U_i'$. Für diese existieren dann $U_i \in \mathfrak{U}$ mit $U_i' = A \cap U_i$ und es gilt $A \subseteq \bigcup_{i=1}^{n} U_i$. $\square$

Bemerkung 2.5. Endliche Mengen sind kompakt: Ist X endlich, so ist insbesondere die Potenzmenge $\mathfrak{P}(X)$ endlich. Man sieht also leicht ein, das jede auf X erklärte Topologie nur endlich viele Elemente enthalten kann, wegen $\tau \subseteq \mathfrak{P}(X)$. Ist nun $\mathfrak{U}$ eine offene Überdeckung von X, so wählen wir jedes Element aus $\mathfrak{U}$ genau einmal und fassen diese zu $\mathfrak{U}'$ zusammen. Dabei ist $\mathfrak{U}'$ weiterhin eine offene Überdeckung und sie ist wegen $\mathfrak{U}' \subseteq \tau$ insbesondere endlich.

Beispiel 2.6. Jeder kofinite Raum (siehe Beispiel 1.3) ist kompakt.

Beweis: Es sei X kofinit und $\mathfrak{U}$ eine beliebige offene Überdeckung von X. Für jedes $O \in \tau_{\text{kof}}$ ist $X \setminus O$ endlich. Wir wählen $U \in \mathfrak{U}$ beliebig, damit ist $\mathfrak{U} \setminus \{U\}$ eine offene Überdeckung von $X \setminus U = \{x_1, \ldots, x_k\}$. Für jedes $j \in \{1, \ldots, k\}$ wählen wir ein $U_j \in \mathfrak{U}$ mit $x_j \in U_j$. Dann gilt $X \setminus U \subseteq U_1 \cup \ldots \cup U_k$. Insgesamt also $X = U \cup (X \setminus U) \subseteq U \cup U_1 \cup \ldots \cup U_k$. Wir haben damit in $\mathfrak{U}$ eine endliche Teilüberdeckung gefunden. $\square$

Eine wichtige Eigenschaft kompakter Räume ist, dass abgeschlossene Mengen darin ebenfalls kompakt sind, was später noch benutzt wird:

Lemma 2.7. *(Vgl. [Kön04, S. 30]): Jede abgeschlossene Teilmenge eines kompakten topologischen Raumes ist kompakt.*

Beweis: Es sei (X, τ) ein kompakter topologischer Raum und $A \subseteq X$ eine abgeschlossene Teilmenge. Es sei $\mathfrak{U}$ eine offene Überdeckung von A. Insbesondere ist nun $\mathfrak{U}' := \mathfrak{U} \cup \{X \setminus A\}$ eine offene Überdeckung von X. Da X kompakt ist, existieren $U_1, \ldots, U_n \in \mathfrak{U}$ so, dass $X \subseteq \bigcup_{i=1}^{n} U_i \cup (X \setminus A)$. Das aber bedeutet seinerseits $A \subseteq \bigcup_{i=1}^{n} U_i$, also ist A kompakt. $\qquad\square$

Betrachten wir nun Abbildungen zwischen topologischen Räumen, so interessiert uns unter welchen Umständen Bilder kompakter Mengen wieder kompakt sind. Eine Antwort darauf bietet

Satz 2.8. *(Vgl. [Rin75, S. 196]): Es sei (X, τ_X) ein kompakter und (Y, τ_Y) ein beliebiger topologischer Raum, weiter sei $f : X \to Y$ eine stetige Abbildung, dann ist $f(X)$ in (Y, τ_Y) kompakt.*

Beweis: Es sei $\mathfrak{U}$ eine beliebige offene Überdeckung von $f(X)$. Wegen der Stetigkeit (Vgl. Definition 1.25) von f ist die Menge $\{f^{-1}(U) : U \in \mathfrak{U}\}$ eine offene Überdeckung von X. Da X nach Voraussetzung kompakt ist, ist X darstellbar als $X = \bigcup_{i=1}^{n} f^{-1}(U_i)$, wobei $U_i \in \mathfrak{U}$. Wegen $f(f^{-1}(U_i)) \subseteq U_i$ gilt $f(X) = f(\bigcup_{i=1}^{n} f^{-1}(U_i)) = \bigcup_{i=1}^{n} f(f^{-1}(U_i)) \subseteq \bigcup_{i=1}^{n} U_i$, womit die Kompaktheit von $f(X)$ folgt. $\qquad\square$

Bemerkung 2.9. Sind $(X, \tau_X), (Y, \tau_Y)$ topologische Räume und $f : X \to Y$ eine stetige Abbildung, so gilt allgemeiner dass Bilder kompakter Teilmengen von X kompakt sind: Denn ist $A \subseteq X$ eine kompakte Teilmenge, so ist nach Lemma 2.4 der Raum (A, τ_{X_A}) kompakt. Unter Anwendung von Satz 2.8 auf $f_{|A} : A \to Y$ ergibt sich die Behauptung.

Mit diesen Ergebnissen wollen wir uns nun damit befassen welche Konsequenzen die Kompaktheit in Bezug auf die Trennungseigenschaften bewirkt, dafür betrachten wir zwei Lemmata.

Lemma 2.10. *(Vgl. [Rin75, S. 203]): Es sei (X, τ) ein T_3-Raum, $A \subseteq X$ eine abgeschlossene und $K \subseteq X$ eine kompakte Teilmenge von X. Ist $A \cap K = \varnothing$, so existieren offene Teilmengen O_A und O_K von X mit $A \subseteq O_A$, $K \subseteq O_K$ und $O_A \cap O_K = \varnothing$.*

Beweis: Für jedes $x \in K$ existieren O_x und O_{A_x} mit $x \in O_x$, $A \subseteq O_{A_x}$ und $O_x \cap O_{A_x} = \varnothing$, da (X, τ) ein T_3-Raum ist. Wir betrachten die offene Überdeckung

$$\mathfrak{U} := \{O_x : x \in K\},$$

von K. Da K kompakt ist, existieren endlich viele $x_1, \ldots, x_n \in K$ mit $K \subseteq \bigcup_{i=1}^n O_{x_i} =: O_K$. Wir setzen $O_A := O_{A_{x_1}} \cap \ldots \cap O_{A_{x_n}} \in \tau$. Nach Konstrusktion gilt $K \subseteq O_K$, $A \subseteq O_A$ und $O_K \cap O_A = \varnothing$, das war zu zeigen. $\qquad\square$

Lemma 2.11. *(Vgl. [Rin75, S. 204]): Jeder kompakte T_3-Raum ist ein T_4-Raum.*

Beweis: Sei (X, τ) ein kompakter T_3-Raum. Seien $A_1 \subseteq X$ und $A_2 \subseteq X$ zwei disjunkte abgeschlossene Teilmengen von X. Dann sind sie nach Lemma 2.7 kompakt. Als Konsequenz von Lemma 2.10 lassen sie sich offen trennen, also erfüllt X die T_4-Eigenschaft. $\qquad\square$

Satz 2.12. *(Vlg. [Rin75, S. 204]): Jeder kompakte Hausdorff-Raum ist ein normaler Raum.*

Beweis: Durch Lemma 2.11 genügt es zu zeigen, dass jeder kompakte T_2-Raum ein T_3-Raum ist. Ist (X, τ) ein kompakter Hausdorff-Raum und $A \subseteq X$ eine abgeschlossene Teilmenge, so ist A nach Lemma 2.7 kompakt. Sei $x \in X \setminus A$ ein beliebiger Punkt. Wegen der Hausdorff-Eigenschaft können wir zu jedem $y \in A$ offene Umgebungen O_{x_y} und O_y finden, sodass $x \in O_{x_y}$ und $y \in O_y$ mit $O_{x_y} \cap O_y = \varnothing$ gilt. Damit ist $\mathfrak{U} := \{O_y : y \in A\}$ eine offene Überdeckung von A, wegen der Kompaktheit wählen wir $y_1, \ldots, y_n$ so, dass $A \subseteq \bigcup_{i=1}^n O_{y_i} =: O_A$. Andererseits ist nach Lemma 1.2 $O_x := \bigcap_{i=1}^n O_{x_{y_i}}$ eine offene Menge und es gilt $x \in O_x$. Beide Mengen sind per Konstruktion disjunkt, das war zu zeigen. $\qquad\square$

Zur Vorbereitung des nächsten Abschnitts wollen wir eine weitere Charakterisierung der Kompaktheit angeben, welche die sogenannte endliche Durchschnittseigenschaft benutzt. Auch wenn es durchaus reichen würde eine der beiden zu kennen, erweist sich gelegentlich der Nachweis der Kompaktheit mit der einen leichter als mit der anderen. Schon alleine deswegen lohnt es sich beide zu kennen.

Definition 2.13 (endliche Durchschnittseigenschaft)**.** Es sei (X, τ) ein topologischer Raum und $\mathfrak{M} := \{M_i : i \in I\}$, $I \neq \varnothing$ eine Familie von Mengen $M_i \subseteq X$. Die Familie $\mathfrak{M}$ erfüllt die **endliche Durchschnittseigenschaft** (im Folgenden e.D. abgekürzt), wenn $\bigcap_{i \in I_0} M_i \neq \varnothing$ für alle nichtleeren, endlichen Teilmengen $I_0 \subseteq I$.

Satz 2.14. *(Vgl. [Rin75, S. 191]) Der topologische Raum (X, τ) ist genau dann kompakt, wenn jede Familie $\mathfrak{M}$ abgeschlossener Teilmengen von X mit e.D. einen nichtleeren Durchschnitt hat.*

Beweis: „$\Rightarrow$": Angenommen es gälte $\bigcap_{M \in \mathfrak{M}} M = \varnothing$. So ist $\mathfrak{U} := \{X \setminus M : M \in \mathfrak{M}\}$ eine offene Überdeckung von X. Nun erfüllt $\mathfrak{M}$ jedoch die e.D., womit keine endliche Teilüberdeckung existiert, insbesondere ist damit X nicht kompakt. Widerspruch!

„$\Leftarrow$": Angenommen X wäre nicht kompakt. So existiert eine Überdeckung $\mathfrak{U}$ von X, die keine endliche Teilüberdeckung enthält. Wir erklären das System $\mathfrak{M} := \{X \setminus U :$

$U \in \mathfrak{U}\}$. Da es keine endliche Teilüberdeckung gibt erfüllt $\mathfrak{M}$ offenbar die e.D., jedoch gilt $\varnothing = X \setminus \bigcup_{U \in \mathfrak{U}} U = \bigcap_{M \in \mathfrak{M}} M$. Widerspruch! $\qquad\square$

2.2 Der Satz von Tychonoff

In diesem Abschnitt wollen wir uns mit der Kompaktheit in Produkträumen befassen. Dass sich Kompaktheit auf den Produktraum überträgt, wenn die ihn erzeugenden topologischen Räume kompakt sind, werden wir hier zeigen. Für den Beweis benötigen wir jedoch das Lemma von Zorn. Dazu:

Definition 2.15 (reflexive Halbordnung). Es sei X eine Menge und $\preceq$ eine Relation auf $X \times X$. Dann heißt $\preceq$ eine **reflexive Halbordnung** auf X, wenn gilt:

1. für alle $x \in X$ gilt $x \preceq x$ (**Reflexivität**),

2. für alle $x, y, z \in X$ mit $x \preceq y$ und $y \preceq z$ gilt $x \preceq z$ (**Transitivität**),

3. für alle $x, y \in X$ mit $x \preceq y$ und $y \preceq x$ gilt $x = y$ (**Antisymmetrie**).

In diesem Fall bezeichnet man $(X, \preceq)$ als reflexiv halbgeordnete Menge. Gilt zudem

4. für alle $x, y \in X$ gilt mindestens $x \preceq y$ oder $y \preceq x$ (**Linearität**),

so heißt $\preceq$ lineare Halbordnung oder **totale Ordnung** und $(X, \preceq)$ entsprechend total geordnete Menge.

Bemerkung 2.16. Ist $(X, \preceq)$ eine reflexiv halbgeordnete Menge und $M \subseteq X$ eine Teilmenge, so sieht man leicht ein, dass das Tupel $(M, \preceq)$ ebenfalls eine reflexiv halbgeordnete Menge ist.

Beispiel 2.17. Sei $X \neq \varnothing$ eine Menge, so ist die Potenzmenge $\mathfrak{P}(X)$ mit der Teilmengen-relation $\subseteq$ eine reflexiv halbgeordnete Menge.

> **Beweis:** Ist $A \in \mathfrak{P}(X)$, so ist jedes Element aus A natürlich in A enthalten und damit $A \subseteq A$. Sind nun $A, B, C \in \mathfrak{P}(X)$ mit $A \subseteq B$ und $B \subseteq C$ gegeben, so ist jedes Element aus A wegen $A \subseteq B$ auch in B enthalten und wegen $B \subseteq C$ ist dieses folglich auch in C, also $A \subseteq C$. Letztlich ist bekannt dass aus $A \subseteq B$ und $B \subseteq A$ die Gleichheit der beiden Mengen folgt. $\qquad\square$

Definition 2.18 (Kette). Es sei X eine bzgl. $\preceq$ reflexiv halbgeordnete Menge. Eine Teilmenge $K \subseteq X$ heißt **Kette**, falls $(K, \preceq)$ eine total geordnete Menge ist.

Definition 2.19 (Schranke, maximales Element). Es sei $(X, \preceq)$ eine reflexiv halbgeordnete Menge und $M \subseteq X$ eine Teilmenge.

- Ein Element $s \in X$ heißt **obere Schranke** von M, wenn für alle $x \in M$ gilt $x \preceq s$.

- Ein Element $m \in X$ heißt **maximal** wenn aus $x \in X$ und $m \preceq x$ folgt $x = m$.

Mit diesem formalen Rüstzeug können wir uns das Lemma von Zorn in Erinnerung rufen.

Lemma 2.20 (von Zorn). *Wenn jede Kette $K \subseteq X$ eine obere Schranke in X hat, dann gibt es in X ein maximales Element.*

Wir haben dieses Lemma als Definition für diese Arbeit vorausgesetzt. Wie erwähnt lassen sich Beweise für die Äquivalenz des Auswahlaxioms und des Lemmas von Zorn finden, womit wir ebenso hätten das Auswahlaxiom voraussetzen können. Für die Richtung vom Auswahlaxiom zum Lemma argumentiert Bartsch in [Bar07, Abschnitt 1.2.4] über den Haussdorff'schen Maximalitätssatz, diesen folgert er aus dem Auswahlaxiom. Insgesamt ordnet sich diese Thematik der Logik unter, wir wollen uns an dieser Stelle mit dem Ergebnis zufrieden geben.

Satz 2.21 (Tychonoff). *Es sei $I \neq \varnothing$ eine Indexmenge und für $i \in I$ seien (X_i, τ_i) topologische Räume. Dann ist der Produktraum $X := \prod_{i \in I} X_i$ mit zugehöriger Produkttopologie im Sinne von Definition 1.16 genau dann kompakt, wenn (X_i, τ_i) kompakt ist für alle $i \in I$.*

Beweis: „$\Rightarrow$": Diese Richtung folgt unmittelbar aus Satz 2.8 und Beispiel 1.26.

„$\Leftarrow$": (Vgl. [Loo53, S. 11 f.]) Es sei $\mathfrak{M}_0 \subseteq \mathfrak{P}(X)$ eine Familie abgeschlossener Mengen mit e.D., so folgt die Kompaktheit mit Satz 2.14 wenn wir zeigen, dass $\bigcap_{M \in \mathfrak{M}_0} M \neq \varnothing$. Wir betrachten

$$\mathcal{M} := \{\mathfrak{M} \subseteq \mathfrak{P}(X) \,:\, \mathfrak{M}_0 \subseteq \mathfrak{M} \text{ und } \mathfrak{M} \text{ hat e.D.}\}.$$

Dass $(\mathcal{M}, \subseteq)$ eine reflexiv halbgeordnete Menge ist sieht man durch Bemerkung 2.16 und Beispiel 2.17 leicht ein.

<u>Schritt 1:</u> Wir zeigen $(\mathcal{M}, \subseteq)$ erfüllt die Voraussetzungen des Lemmas von Zorn 2.20. Sei $\mathcal{M}_0 \subseteq \mathcal{M}$ eine Kette. Wir betrachten $\tilde{\mathfrak{M}} := \bigcup_{\mathfrak{M} \in \mathcal{M}_0} \mathfrak{M}$. Wenn wir zeigen können, dass $\tilde{\mathfrak{M}} \in \mathcal{M}$, so ist $\tilde{\mathfrak{M}}$ offenbar eine obere Schranke für $\mathcal{M}_0$. Wir beweisen nun $\tilde{\mathfrak{M}} \in \mathcal{M}$:

Wir sehen leicht ein, dass $\mathfrak{M}_0 \subseteq \tilde{\mathfrak{M}}$, da $\tilde{\mathfrak{M}}$ als Vereinigung von Obermengen definiert ist, die $\mathfrak{M}_0$ umfassen. Wir beweisen nun $\tilde{\mathfrak{M}}$ hat e.D.: Da $\mathcal{M}_0 \subseteq \mathcal{M}$ hat jedes $\mathfrak{M} \in \mathcal{M}_0$ e.D., daher reicht es nachzuweisen, dass für endlich viele $M_1, \ldots, M_k \in \tilde{\mathfrak{M}}$ stets ein $\mathfrak{M} \in \mathcal{M}_0$ existiert mit $M_1, \ldots, M_k \in \mathfrak{M}$. Das beweisen wir mittels vollständiger Induktion über $k \in \mathbb{N}$: Für $k = 1$ ist die Aussage klar, weil $\tilde{\mathfrak{M}}$ als Vereinigung von Obermengen definiert ist, kann sie keine Menge umfassen, die selbst nicht von einer der vereinigten Obermengen umfasst ist. Die Behauptung gelte für $k \in \mathbb{N}$, es ist zu zeigen, dass sie auch für $k + 1$ gilt. Seien $M_1, \ldots, M_{k+1} \in \tilde{\mathfrak{M}}$. Nach Induktionsvoraussetzung existiert ein $\mathfrak{M}' \in \mathcal{M}_0$ mit $M_1, \ldots, M_k \in \mathfrak{M}'$. Wir wählen nun ein $\mathfrak{M}'' \in \mathcal{M}_0$ mit $M_{k+1} \in \mathfrak{M}''$. Da $\mathcal{M}_0$ eine Kette ist, folgt aus der Linearität dass

$\mathfrak{M}' \subseteq \mathfrak{M}''$ oder $\mathfrak{M}'' \subseteq \mathfrak{M}'$gilt, was $M_1, \ldots, M_{k+1} \in \mathfrak{M}''$ oder $M_1, \ldots, M_{k+1} \in \mathfrak{M}'$ zur Folge hat, das war zu zeigen.

Die Voraussetzung des Lemmas von Zorn ist also erfüllt und es existiert ein maximales Element in $\mathcal{M}$. Sei im Folgenden $\mathfrak{M} \in \mathcal{M}$ maximal.

Schritt 2: Für das maximale Element $\mathfrak{M}$ gilt:

1. Für $M_1, \ldots, M_k \in \mathfrak{M}$ gilt $M_1 \cap \ldots \cap M_k \in \mathfrak{M}$.

   Beweis: Angenommen $M := M_1 \cap \ldots \cap M_k \notin \mathfrak{M}$, so wäre $\mathfrak{M} \subsetneq \mathfrak{M} \cup \{M\}$. Wegen $\mathfrak{M}_0 \subseteq \mathfrak{M}$ folgt $\mathfrak{M}_0 \subseteq \mathfrak{M} \cup \{M\}$ und $\mathfrak{M} \cup \{M\}$ hat e.d: Seien dafür $M_1', \ldots, M_n' \in \mathfrak{M} \cup \{M\}$. Entweder gilt $M \notin \{M_1', \ldots, M_n'\}$ oder $M \in \{M_1', \ldots, M_n'\}$. Im ersten Fall ist der Schnitt nicht leer weil $\mathfrak{M}$ e.D. hat. Im zweiten Fall sei o.B.d.A $M_n' = M$, wir schreiben $\mathfrak{M}' := \{M_1', \ldots, M_{n-1}', M_1, \ldots, M_k\}$ dann ist $\mathfrak{M}'$ endlich und $\mathfrak{M}' \subseteq \mathfrak{M}$, hat damit einen nicht leeren Schnitt wegen der e.D. von $\mathfrak{M}$. Also gilt $\mathfrak{M} \cup \{M\} \in \mathcal{M}$, daher ist $\mathfrak{M}$ nicht maximal. Widerspruch! $\qquad \square$

2. Wenn $M' \subseteq X$ mit $M \cap M' \neq \varnothing$ für alle $M \in \mathfrak{M}$, so gilt $M' \in \mathfrak{M}$.

   Beweis: Angenommen M' wäre nicht in $\mathfrak{M}$, so wäre $\mathfrak{M} \subsetneq \mathfrak{M} \cup \{M'\}$. Offensichtlich gilt $\mathfrak{M}_0 \subseteq \mathfrak{M} \cup \{M\}$ und $\mathfrak{M} \cup \{M'\}$ hat e.d.: Es ist $M' \cap \underbrace{M_1 \cap \ldots \cap M_k}_{=:M} \neq \varnothing$ für $M_1, \ldots, M_k \in \mathfrak{M}$, denn nach 1. ist $M \in \mathfrak{M}$ und damit ist $M' \cap M \neq \varnothing$ nach Voraussetzung an M'. Also $\mathfrak{M} \cup \{M'\} \in \mathcal{M}$, daher ist $\mathfrak{M}$ nicht maximal. Widerspruch! $\qquad \square$

Für $i \in I$ sei nun p_i die Projektion auf die i-te Koordinate gemäß Beispiel 1.26. Wir schreiben $\mathfrak{M}_i := \{\overline{p_i(M)} : M \in \mathfrak{M}\}$ für alle $i \in I$. Offensichtlich erhält $\mathfrak{M}_i$ e.D. von $\mathfrak{M}$. Denn angenommen dem wäre nicht so, dann existieren $M_1, \ldots, M_k \in \mathfrak{M}$, sodass $p_i(M_1) \cap \ldots \cap p_i(M_k) = \varnothing$. Wegen $p_i(M_1) \cap \ldots \cap p_i(M_k) = p_i(M_1 \cap \ldots \cap M_k) = \varnothing$, folgt $M_1 \cap \ldots \cap M_k = \varnothing$ und damit hat $\mathfrak{M}$ nicht e.D. Widerspruch! Berücksichtigen wir nun noch dass $p_i(M) \subseteq \overline{p_i(M)}$ für alle $i \in I$ und $M \in \mathfrak{M}$ ergibt sich die Behauptung. Also folgt für jedes $i \in I$ aus der Kompaktheit von (X_i, τ_i) mit Satz 2.14

$$\exists x_i \in \bigcap_{A \in \mathfrak{M}_i} A = \bigcap_{M \in \mathfrak{M}} \overline{p_i(M)}.$$

Wir setzen nun $x := (x_i)_{i \in I} \in X$.

Schritt 3: Für jede Umgebung U von x gilt $U \in \mathfrak{M}$.
   Beweis: Wir wählen eine Umgebung $U' \subseteq U$ von x mit $U' = \bigcap_{i \in I_0} U_i$, wobei $I_0 \subseteq I$ eine endliche Indexmenge ist und $U_i = p_i^{-1}(V_i)$ mit $V_i \subseteq X_i$ offen und $x_i \in V_i$. Sei $M \in \mathfrak{M}$. Weil $x_i \in \overline{p_i(M)}$ folgt $V_i \cap p_i(M) \neq \varnothing$. Also $U_i \cap M \neq \varnothing$. Da $M \in \mathfrak{M}$

beliebig war, folgt mit Eigenschaft 2 von $\mathfrak{M}$, dass $U_i \in M$ und damit, weil I_0 endlich war, mit Eigenschaft 1 letztlich $U' \in \mathfrak{M}$. Nun gilt aber für alle $M \in \mathfrak{M}$, dass $U' \cap M \neq \varnothing$ nach Eigenschaft 1, da $U' \in \mathfrak{M}$. Erst recht also $U \cap M \neq \varnothing$. Also folgt mit Eigenschaft 2: $U \in \mathfrak{M}$. □

Es sei nun $M \in \mathfrak{M}$ beliebig. Für jede Umgebung U von x gilt nach Schritt 3: $U \in \mathfrak{M}$, und damit nach Eigenschaft 1: $U \cap M \neq \varnothing$. Also $x \in \overline{M}$. Nun ist M aber abgeschlossen: also $\overline{M} = M$ und damit folgt $x \in M$. Also gilt $x \in \bigcap_{M \in \mathfrak{M}} M$, insbesondere $x \in_{M \in \mathfrak{M}_\circ} M$, womit dieser Durchschnitt nichtleer ist. □

Bemerkung 2.22. Es ist durchaus möglich den Satz von Tychonoff auch anders zu beweisen. Ein anderer Weg lässt sich in [Rin75] oder [Bar07] finden. Sie haben für den Beweis des Satzes von Tychonoff den Begriff der Konvergenz verallgemeinert, was sie zum Begriff des Filters brachte. Sie betrachten dann sogenannte Ultrafilter (deren Existenz an das Lemma von Zorn geknüpft ist), welche unter Filtern vergleichbar mit maximalen Elementen sind. Die Konvergenz von Ultrafiltern auf den einzelnen Teilräumen ebnet so den Schluss für die Konvergenz des Ultrafilters auf dem Produktraum. In der Tat stellt sich der Satz von Tychonoff als äquivalent zum Auswahlaxiom dar. Setzt man die Äquivalenz des Auswahlaxioms mit dem Lemma von Zorn als bekannt voraus haben wir eine Richtigung hier beweisen. Ein Beweis für die andere Richtung lässt sich in [Kel50] finden.

2.3 Ausblick: Metrisierbarkeit

In der Topologie sind wir daran interessiert ob und unter welchen Bedingungen man auf einem Topologischen Raum eine Metrik definieren kann, welche die gegebene Topologie induziert. Dabei werden wir hier nicht direkt auf die Metrisierbarkeit eingehen. Vielmehr werden wir Aussagen zur Rolle der Kompaktheit in metrischen Räumen treffen. Ein metrischer Raum muss nicht zwangsläufig kompakt sein, wie man leicht einsieht:

Beispiel 2.23. Der metrische Raum $(\mathbb{R}, d)$, wobei d den üblichen euklidischen Abstand beschreibt ist nicht kompakt.

Beweis: Wir betrachten $\mathfrak{U} := \{U_n := (-n, n) : n \in \mathbb{N}\}$. Man sieht leicht ein, dass $\mathfrak{U}$ eine Überdeckung von $\mathbb{R}$ ist. Angenommen es gäbe endlich viele $U_{k_1}, \dots, U_{k_l}$ die $\mathbb{R}$ überdecken. Für $k = \max\{k_1, \dots, k_l\}$ gilt per Konstruktion $U_{k_i} \subseteq U_k$ mit $i = 1, \dots, l$. Aber $\mathbb{R} \setminus U_k = (-\infty, -k] \cup [k, \infty) \neq \varnothing$. Widerspruch!

Definition 2.24 (metrisierbar). Ein topologischer Raum (X, τ) ist genau dann **metrisierbar**, wenn auf X eine Metrik d mit den Eigenschaften aus Bemerkung 1.19 definiert werden kann, so dass d die Topologie τ induziert.

Definition 2.25 (Häufungspunkte und Konvergenz). Es sei (X, τ) ein topologischer Raum und $(x_n)_{n \in \mathbb{N}}$ eine Folge in X.

1. Ein Punkt $x \in X$ heißt genau dann **Häufungspunkt der Folge** $(x_n)_{n \in \mathbb{N}}$, wenn für jede Umgebung U_x von x und alle $N \in \mathbb{N}$ ein $n \geq N$ existiert, so dass $x_n \in U_x$.

2. Ein Punkt $x \in X$ heißt genau dann **Häufungspunkt einer Teilmenge** $A \subseteq X$, wenn jede Umgebung U_x von x unendlich viele Punkte aus A enthält.

3. Wir sagen $(x_n)_{n \in \mathbb{N}}$ **konvergiert** gegen $x \in X$, wenn für alle Umgebungen U von x ein $N \in \mathbb{N}$ existiert, sodass $x_n \in U$ für alle $n \geq N$. Im Falle der Konvergenz heißt x **Grenzwert** der Folge $(x_n)_{n \in \mathbb{N}}$, in Zeichen $x_n \to x$ für $n \to \infty$.

Bemerkung 2.26. Man sieht leicht ein, dass jeder Grenzwert ein Häufungspunkt ist, umgekehrt gilt dies im Allgemeinen nicht. Ist (X, τ) ein Hausdorff-Raum und ist $(x_n)_{n \in \mathbb{N}}$ eine konvergente Folge, so ist ihr Grenzwert eindeutig bestimmt: Angenommen $x \neq y$ wären verschiedene Grenzwerte. Wegen der Hausdorff-Eigenschaft existieren offene Mengen O_x und O_y mit $x \in O_x$ und $y \in O_y$, sodass $O_x \cap O_y = \varnothing$. Da beide Werte Grenzwerte sind, enthalten aber beide Mengen ab einer gewissen Nummer alle Folgeglieder. Widerspruch!

Definition 2.27 (Folgenkompakt). Es sei (X, τ) ein topologischer Raum. Er heißt genau dann **folgenkompakt**, wenn jede Folge eine konvergente Teilfolge besitzt. Entsprechend heißt eine Teilmenge $K \subseteq X$ folgenkompakt, wenn jede Folge $(x_n)_{n \in K}$ in K eine konvergente Teilfolge hat, deren Grenzwert in K liegt.

Wenn wir uns in metrischen Räumen befinden ist der Begriff äquivalent zur Kompaktheit:

Satz 2.28. *Es sei (X, d) ein metrischer Raum, versehen mit der induzierten Topologie. Dann sind folgende Aussagen äquivalent:*

1. *X ist kompakt,*

2. *X ist folgenkompakt.*

Beweis: „$\Rightarrow$":(Vgl. [Kön04, S. 28 f.]) Es sei $(x_n)_{n \in \mathbb{N}}$ eine Folge in X, wir setzen $A := \{x_n : n \in \mathbb{N}\}$. Für den Fall das A endlich ist, verfügt $(x_n)_{n \in \mathbb{N}}$ offenbar über eine konstante und somit konvergente Teilfolge. Sei die Menge A nun unendlich. Wir zeigen, das A einen Häufungspunkt hat. Angenommen das wäre nicht der Fall, so hat jeder Punkt $x \in X$ eine offene Umgebung U_x, die nur endlich viele Punkte aus A besitzt. Die Menge $\mathfrak{U} := \{U_x : x \in X\}$ bildet eine offene Überdeckung von X. Da X kompakt ist existieren $U_{x_1}, \ldots, U_{x_n}$ mit $X \subseteq \bigcup_{i=1}^{n} U_{x_i}$. Weil jedes U_{x_i} nur endlich viele Punkte aus A besitzt, muss A nur endlich viele Punkte gehabt haben. Widerspruch!

Es sei nun $x_0 \in X$ ein Häufungspunkt von $(x_n)_{n \in \mathbb{N}}$. Wir erhalten so für jedes $\nu \in \mathbb{N}$ dass die Kugel $K_{\frac{1}{\nu}}(x)$ unendlich viele Punkte aus A enthält. Damit existiert eine streng monoton wachsende Indexfolge $(n_\nu)_{\nu \in \mathbb{N}}$ mit $d(x_{n_\nu}, x) < \frac{1}{\nu}$. Diese Teilfolge $(x_{n_\nu})_{n_\nu \in \mathbb{N}}$ konvergiert offenbar gegen x_0.

„$\Leftarrow$":(Vgl. [Mun00, S. 180]) Es sei $\mathfrak{U}$ eine offene Überdeckung von X.

Schritt 1: Wir zeigen, es existiert ein $\varepsilon > 0$, so dass für alle $x \in X$ ein $U \in \mathfrak{U}$ existiert mit $K_\varepsilon(x) \subseteq U$. Angenommen es gibt kein solches ε. Für $n \in \mathbb{N}$ betrachten wir $\varepsilon_n := \frac{1}{n}$. Es existiert zu ε_n ein $x_n \in X$, so dass gilt $K_{\varepsilon_n}(x_n) \not\subseteq U$ für alle $U \in \mathfrak{U}$. Die Folge $(x_n)_{n \in \mathbb{N}}$ hat wegen der Folgenkompaktheit eine konvergente Teilfolge mit $x_{n_\nu} \to x$ für $\nu \to \infty$. Wähle $U \in \mathfrak{U}$ mit $x \in U$. Dann existiert (siehe Bemerkung 1.19) ein $\delta > 0$, so dass $K_\delta(x) \subseteq U$. Wegen der Konvergenz von $(x_{n_\nu})_{\nu \in \mathbb{N}}$ existiert ein $N' \in \mathbb{N}$, so dass $x_{n_\nu} \in K_{\frac{\delta}{2}}(x)$ für alle $\nu \geq N'$. Ist $N \geq N'$ hinreichend groß, gilt zudem $\varepsilon_{n_\nu} = \frac{1}{n_\nu} < \frac{\delta}{2}$ für alle $\nu \geq N$. Insbesondere erhalten wir damit $d(x_{n_\nu}, x) + \varepsilon_{n_\nu} < \delta$, also $K_{\varepsilon_{n_\nu}}(x_{n_\nu}) \subseteq K_\delta(x) \subseteq U$. Widerspruch!

Schritt 2: Wir zeigen, dass zu jedem $\varepsilon > 0$ endlich viele $x_1, \ldots, x_n \in X$ mit $X \subseteq K_\varepsilon(x_1) \cup \ldots \cup K_\varepsilon(x_n)$ existieren. Angenommen die Aussage gilt nicht. Sei $\varepsilon > 0$, dann wählen wir $x_0 \in X$ beliebig, weiter wählen wir induktiv $x_n \in X \setminus \bigcup_{i=0}^{n-1} K_\varepsilon(x_i)$. Die dadurch generierte Folge $(x_n)_{n \in \mathbb{N}}$ besitzt wegen der Folgenkompaktheit eine konvergente Teilfolge mit $(x_{n_\nu})_{\nu \in \mathbb{N}} \to x$. Damit existiert ein $N \in \mathbb{N}$, sodass $x_{n_\nu} \in K_{\frac{\varepsilon}{2}}(x)$ für alle $\nu \geq N$. Insbesondere folgt damit $d(x_{n_{\nu_1}}, x_{n_{\nu_2}}) \leq d(x_{n_{\nu_1}}, x) + d(x, x_{n_{\nu_2}}) < \varepsilon$ für $\nu_1, \nu_2 \geq N$. Das heißt: $x_{\nu_2} \in K_\varepsilon(x_{n_{\nu_1}})$. Widerspruch!

Insgesamt sichert Schritt 1, dass ein $\varepsilon > 0$ existiert, sodass die ε-Kugeln für jedes Element der Menge in einer offenen Menge aus der gegebenen Überdeckung enthalten sind und der zweite Schritt sichert dass endlich viele dieser ε-Kugeln benötigt werden um die Menge zu überdecken, also die Behauptung. $\square$

Bemerkung 2.29. Betrachten wir den ersten Teil des Beweises, so stellen wir fest, dass für die Existenz eines Häufungspunktes keine Eigenschaft eines metrischen Raumes benötigt wurde. So lässt sich die Aussage für topologische Räume dahin gehend verallgemeinern, dass jede Folge einer kompakten Teilmenge einen Häufungspunkt besitzt.

Satz 2.30. *(Vgl. [Bar07, S. 90]Jeder kompakte metrische Raum, versehen mit der von der Metrik induzierten Topologie, erfüllt das zweite Abzählbarkeitsaxiom (siehe Definition 1.12).*

Beweis: Wir betrachen die Kugelsysteme $\mathfrak{K}_n := \{K_{\frac{1}{n}}(x) : x \in X\}$. Offenbar ist $\mathfrak{K}_n$ für jedes $n \in \mathbb{N}$ eine offene Überdeckung von X. Da X kompakt ist, existiert $\mathfrak{B}_n \subseteq \mathfrak{K}_n$, sodass X von $\mathfrak{B}_n$ überdeckt wird und $\mathfrak{B}_n$ umfasst endlich viele Mengen. Wir setzen nun $\mathfrak{B} := \bigcup_{n \in \mathbb{N}} \mathfrak{B}_n$. Man sieht leicht ein das $\mathfrak{B}$ abzählbar ist, da es sich hierbei um eine abzählbare Vereinigung endlicher Mengen handelt. Wir erinnern uns an Bemerkung 1.19. Sei nun $O \subseteq X$ eine offene Menge bezüglich der durch d induzierten Topologie. Die Behauptung folgt wenn wir zeigen, dass zu jedem $x \in O$, ein $B \in \mathfrak{B}$ mit $B \subseteq O$ existiert.

Es sei $x \in O$ gegeben. Weil O offen ist, existiert ein $\varepsilon > 0$, sodass $K_\varepsilon(x) \subseteq O$. Für dieses $\varepsilon > 0$ existiert ein $n \in \mathbb{N}$ mit $\frac{1}{n} < \varepsilon$. Da $\mathfrak{B}_{2n}$ eine offene Überdeckung von X ist, existiert ein $x_0 \in X$, sodass $x \in K_{\frac{1}{2n}}(x_0) \in \mathfrak{B}_{2n}$. Damit folgt für alle

$y \in K_{\frac{1}{2n}}(x_0)$: $d(x,y) \leq d(x,x_0) + d(x_0,y) < \frac{2}{2n} < \varepsilon$. Also $K_{\frac{1}{2n}}(x_0) \subseteq K_\varepsilon(x) \subseteq O$. □

Der letzte Satz deutet schon an, dass ein kompakter topologischer Raum nicht zwingend metrisierbar sein muss. Bevor wir dafür ein konkretes Beispiel geben können, brauchen wir jedoch noch einige Vorbereitungen.

Definition 2.31. Es sei $(\mathbb{R}^n, d)$ der metrische Raum der reellen Zahlen, mit d als gewöhnlichen euklidischen Abstand. Eine Teilmenge $A \subseteq \mathbb{R}^n$ heißt genau dann **beschränkt**, wenn es eine Zahl $\varepsilon \in \mathbb{R}$ gibt mit $d(x,0) < \varepsilon$ für alle $x \in A$.

Bemerkung 2.32. Sei (X,τ) ein topologischer Raum und $A \subseteq X$ eine abgeschlossene Menge. Ist $(x_n)_{n \in \mathbb{N}}$ mit $x_n \to x \in X$ für $n \to \infty$ eine konvergente Folge in A, so gilt $x \in A$: Angenommen $x \notin A$, so ist $(X \setminus A)$ eine offene Umgebung von x und enthält damit unendlich viele Folgeglieder. Widerspruch!

Bemerkung 2.33. In $(\mathbb{R}^2, d)$ sind abgeschlossene und beschränkte Mengen kompakt: (Vgl. [Kön04, S. 29 f.]) Ist K eine abgeschlossene und beschränkte Menge, und sei $\mathfrak{U}$ eine offene Überdeckung von K. Angenommen es gäbe keine endliche Teilüberdeckung $\mathfrak{U}' \subseteq \mathfrak{U}$ von K. Wegen der Beschränktheit von K können wir ein ε wählen, sodass $K \subseteq [-\varepsilon, \varepsilon]^2 =: W$. Durch Halbierung der Kantenlänge von W kann ein Teilwürfel W_1 gefunden werden, sodass $K \cap W_1$ nicht endlich von $\mathfrak{U}$ überdeckt wird. Durch Wiederholung bekommen wir für $n \in \mathbb{N}$ eine Folge $W \supseteq W_1 \supseteq W_2 \supseteq \ldots$ so, dass kein $W_n \cap K$ endlich von $\mathfrak{U}$ endlich überdeckt wird. Für $n \in \mathbb{N}$ wählen wir ein $x_n \in K \cap W_n$. Diese Folge $(x_n)_{n \in \mathbb{N}}$ ist durch die Wahl unserer Würfel offenbar eine Cauchy-Folge, also weger der Vollständigkeit von $\mathbb{R}^2$ konvergent. Dieser Grenzwert liegt auf Grund der Abgeschlossenheit von K nach Bemerkung 2.32 in K. Nun gibt es aber ein $U \in \mathfrak{U}$ mit $x \in U$, dieses U enthält fast alle Würfel W_n und damit insbesondere auch fast alle $K \cap W_n$. Widerspruch!

Beispiel 2.34 (Doppelringe von Alexandrov). (Vgl. [Eng89, S. 173 f.]) Unser Ziel ist es einen kompakten nicht metrisierbaren Raum zu konstruieren, dafür betrachten wir $X_1 := \{(x,y) : x^2 + y^2 = 1\} \subseteq \mathbb{R}^2$ und $X_2 := \{(x,y) : x^2 + y^2 = 4\} \subseteq \mathbb{R}^2$ und setzen $X := X_1 \cup X_2$. Weiter bezeichnen wir für $n \in \mathbb{N}$ mit $U_n(x)$ den offenen Bogen um $x \in X_1$ der Länge $\frac{1}{n}$, d.h. $U_n(x) = X_1 \cap K_{\frac{1}{n}}(x)$, wobei $K_{\frac{1}{n}}(x)$ die $\frac{1}{n}$-Kugel bzgl. des euklidischen Abstandes ist (Vgl. Bemerkung 1.19). Wir bezeichnen weiter mit $p : X_1 \ni (x,y) \mapsto (2x, 2y) \in X_2$ eine Bijektion zwischen X_1 und X_2, ihre Umkehrabbildung ist $p^{-1}((x,y)) := (\frac{1}{2}x, \frac{1}{2}y)$, damit sieht man leicht ein, das hier in der Tat eine bijektive Abbildung gegeben ist.

Wir erklären nun mit

$$\mathfrak{A} := \{U_n(x) \cup p(U_n(x) \setminus \{x\}) : x \in X_1, n \in \mathbb{N}\} \cup \{\{x\} : x \in X_2\}$$

die Basis der Topologie $\tau_{\mathfrak{A}}$ auf X. Dass damit in der Tat eine Basis gegeben ist, sieht man mit Satz 1.13 leicht ein. Wir wollen nun zeigen:

1. Der topologische Raum $(X, \tau_{\mathfrak{A}})$ ist kompakt.

Beweis: Wir betrachten dafür den metrischen Raum $(\mathbb{R}^2, d)$, wobei d als der gewöhnliche euklidische Abstand aufzufassen ist. Offenbar entspricht X_1 als Menge der Sphäre $S_1^1 := \{(x,y) \in \mathbb{R}^2 : d(x,y) = 1\}$. Nun ist die Sphäre S_1^1 per Definition offensichtlich beschränkt. Sie ist auch abgeschlossen, denn zu gegebenen $x \notin S_1^1$ definieren wir $\varepsilon_x := \frac{|d(x,0) - 1|}{2}$. Dann ist offensichtlich mit $K_{\varepsilon_x}(x)$ eine Umgebung gefunden, sodass gilt $K_\varepsilon \cap S_1^1 = \varnothing$. D.h. $\mathbb{R} \setminus S_1^1$ ist offen. Nach Bemerkung 2.33 ist S_1^1 mit der Spurtopologie zu der von der induzierten Topologie eine kompakte Menge. Wir betrachten die Abbildung $\iota : S_1^1 \to X_1$ die jedes Element auf sich selbst abbildet. Offensichtlich ist ι stetig: Dazu reicht reicht es $O \in \mathfrak{A}$ zu betrachten. Sei ohne Einschränkung $O \cap X_1 \neq \varnothing$, anderenfalls ist $O = \{x_0\}$ mit einem $x_0 \in X_2$, damit ist aber $\iota^{-1}(O) = \varnothing$ und somit offen. Also existiert ein $x_1 \in X_1$ und $n \in \mathbb{N}$ mit $O = (X_1 \cap K_{\frac{1}{n}}(x_1)) \cup (p((X_1 \cap K_{\frac{1}{n}}(x_1)) \setminus \{x_1\}))$. Wir betrachten:

$$\iota^{-1}(O) = \iota^{-1}((X_1 \cap K_{\frac{1}{n}}(x_1)) \cup (p((X_1 \cap K_{\frac{1}{n}}(x_1)) \setminus \{x_1\})))$$
$$= \iota^{-1}(X_1 \cap K_{\frac{1}{n}}(x_1)) \cup \iota^{-1}(\underbrace{\overbrace{p((X_1 \cap K_{\frac{1}{n}}(x_1)) \setminus \{x_1\})}^{\subseteq X_2}}_{=\varnothing})$$
$$= \iota^{-1}(X_1) \cap \iota^{-1}(K_{\frac{1}{n}}(x_1))$$
$$= S_1^1 \cap S_1^1 \cap K_{\frac{1}{n}}(x_1) = S_1^1 \cap K_{\frac{1}{n}}(x_1).$$

Damit ist aber $\iota^{-1}(O)$ ein Basiselement der durch die Metrik induzierten Spurtopologie auf S_1^1, also offen. Insgesamt ist nun X_1 nach Satz 2.8 kompakt.

Es sei nun $\mathfrak{U}$ eine offene Überdeckung von X, wir können ohne Einschränkung annehmen, dass die Elemente aus $\mathfrak{U}$ der Form nach, den Elementen aus $\mathfrak{A}$ entsprechen. Da X_1 kompakt ist, wählen wir $U_1, \ldots, U_n \in \mathfrak{U}$, sodass $X_1 \subseteq \bigcup_{i=1}^n U_n$. Per Konstruktion überdecken diese U_i mit $i = 1, \ldots, n$ ebenfalls X_2, bis auf endlich viele Punkte $x_1, \ldots, x_m$. Zu jedem $j \in \{1, \ldots, m\}$ wählen wir $V_j \in \mathfrak{U}$ mit $x_j \in V_j$. Dann dann gilt $X = U_1 \cup \ldots \cup U_n \cup V_1 \ldots \cup V_m$. Damit folgt die Kompaktheit von X. $\qquad\square$

2. Der topologische Raum $(X, \tau_{\mathfrak{A}})$ besitzt keine abzählbare Basis

Beweis: Wenn wir für unsere Topologie eine Basis konstruieren wollen, so müssen wir jede offene Menge als Vereinigung von Mengen aus der Basis darstellen können. Nun sind aber alle einpunktigen Mengen $\{x\}$ mit $x \in X_2$ offen. Also enthält jede potentielle Basis alle Mengen $\{x\}$ mit $x \in X_2$, wegen der Überabzählbarkeit von X_2 ergibt sich damit automatisch die Überabzählbarkeit der Basis. $\qquad\square$

Damit ist der topologische Raum $(X, \tau_{\mathfrak{A}})$ nach Satz 2.30 offenbar nicht metrisierbar.

Literaturverzeichnis

[Bar07] BARTSCH, René: *Allgemeine Topologie I.* München [u.a.] : Oldenbourg, 2007

[Eng89] ENGELKING, Ryszard: *General topology.* Rev. and completed ed. Berlin : Heldermann, 1989

[Jän08] JÄNICH, Klaus: *Topologie.* 8. Aufl., 2. korr. Nachdr. Berlin [u.a.] : Springer, 2008

[Kel50] KELLEY, John: The Tychonoff Product Theorem Implies the Axiom of Choice. In: *Fundamenta Mathematicae* 37 (1950), S. 75–76

[Kön04] KÖNIGSBERGER, Konrad: *Analysis. 2.* 5., korr. Aufl. Berlin [u.a.] : Springer, 2004

[Loo53] LOOMIS, Lynn: *An Introduction to Abstract Harmonic Analysis.* Van Nostrand, 1953

[Mun00] MUNKRES, James: *Topology.* Prentice Hall, Incorporated, 2000

[Oss09] OSSA, Erich: *Topologie : Eine anschauliche Einführung in die geometrischen und algebraischen Grundlagen.* 2., überarb. Aufl. Wiesbaden : Vieweg + Teubner, 2009

[Rin75] RINOW, Willi: *Lehrbuch der Topologie.* Berlin : Dt. Verl. der Wiss., 1975

Stichwortregister